生きものの
ヘンな顔

監修●小宮輝之（上野動物園前園長）
構成・文●ネイチャー・プロ編集室

幻冬舎

生きもののヘンな顔

表情 expression

恋の赤ふうせん　ズキンアザラシ／オオグンカンドリ……06
喜んでるわけじゃない　スパイクヘッドキリギリス……08
威嚇……のつもり　マダガスカルヘラオヤモリ……10
あくび　アメリカアカリス／ダチョウ……12
死んだフリ　ヨーロッパヤマカガシ／キタオポッサム……14
column　微笑みのちから……16

色・形 color & shape

赤ら顔　オニオコゼ……20
丸顔はかわいい？　クロデメニギスのなかま／ニホンザル……22
童顔　メキシコサンショウウオ……24
下ぶくれ　キンセンイシモチ……26
お顔が広い……　オランウータン……28
秀でた額　コブダイ……30
カラフル！　アノールのなかま／ヒクイドリ……32
トゲトゲしい？　ハリモグラ／ハリセンボン……34
column　顔？……36

耳・鼻・頭 ear, nose & head

福耳？　ウサギコウモリ／イヌ（バセットハウンド）……40
敏感な鼻先　ホシバナモグラ……42

contents

ハゲとよばないで
　アカウアカリ／ミミヒダハゲワシ……44
column　心からの謝罪……46

口 mouth

ワケありな口もと
　カワヤツメ／チスイコウモリ……50
欲ばり過ぎ
　ツノメドリ／チャイロタマゴヘビ……52
紅をさす
　ニシフウウオのなかま／クロツメバナザル……54
砂に埋もれる
　ニュージーランドフラウンダー／ミシマオコゼのなかま……56
キバはキバでも
　バビルサ／オオキバハリアリ……58
舌のつかい道
　キンカジュー／ニホンヤモリ……60

column　顔って?……62

目 eye

目はいくつ?
　ミスジハエトリ／ヨツメウオ……66
は〜なれ目!
　アカシュモクザメ／シュモクバエ……68
ちっちゃ目
　ハダカデバネズミ……70
ふさふさまつ毛
　ヒトコブラクダ／ミナミジサイチョウ……72
column　目⁉……74

あとがき……76
おもな参考資料／写真提供……78
写真索引……79

本文中の動物マークは次のとおりです

 ホ乳類
 鳥類
 ハ虫類
 両生類
 魚類

 貝類
 頭足類
 甲殻類
 クモ類
 昆虫類

expression

表情

「顔で笑って心で泣いて……」
私たちの表情は、ときどきウソをつく
でも、動物たちはとっても正直だ

アンデス山脈で大あくびをするアルパカの赤ちゃん。これからお昼寝だろうか

アルパカ
Alpaca
Lama pacos

恋の赤ふうせん

私たちも、興奮すると鼻のアナがひろがることがある。しかし、いくら興奮しても、これほどふくらむことはない。
ズキンアザラシのオスは、鼻の奥の粘膜を鼻のアナから出し、それを思いっ切りふくらませてメスに求愛し、ライバルを威嚇する。そのふうせんは、なんと頭の2倍もの大きさになる。
彼の表情からも、その熱い想いが伝わってくる。

大大大
だーいすきっ♥

ズキンアザラシ
頭巾海豹
Hooded Seal
Cystophora cristata

青い空の下、ガラパゴス諸島のタワー島で、真っ赤なノド袋をハート形にふくらませているのは、オオグンカンドリのオス。気になるメスに、必死でアタックしているのだ。
グンカンドリは、ペリカンに近いなかま。ペリカンは、その大きなノド袋を、魚などをとらえるときにつかうが、グンカンドリのオスは求愛につかう。
女心をつかむには、さまざまな作戦があるが、赤いハートふうせんをふくらませたこの姿は、とってもわかりやすいかもしれない。

ボクのハートを受けとって！

オオグンカンドリ
大軍艦鳥
Great Frigatebird
Fregata minor

喜んでるわけじゃない

> んもうっ！
> 怒ってるんだから！

スパイクヘッドキリギリス
スパイクヘッド螽
Spiky-headed Katydid
Copiphora sp.

威嚇にはいろいろな形がある。大きくふくらませた胸をゲンコツで叩くゴリラや、キバをむき出してうなるライオンなどは迫力があるけれど、一方で、とても威嚇とは思えない姿のものもいる。
このキリギリスも、アシをばたばたさせて大喜びしているように見えるが、本人的には精一杯威嚇しているのだろうか。
ちなみに、イソップ寓話の『アリとキリギリス』。原作は『アリとセミ』だった。ギリシャで生まれた物語がヨーロッパを北上するうちに、セミが身近な虫ではなくなったため、キリギリスに変えられたのだという。なんでキリギリスなの！と怒っているのだろうか。

威嚇……のつもり

多くのヤモリは、周りの環境に合った目立たない色をしている。

このヤモリも、からだの色は木の幹にそっくり。英名は Leaf-tailed Gecko（葉っぱしっぽのヤモリ）。頭から尾までの全長は25〜30センチメートルほど。ふだんは木の幹にまぎれるようにじっとしている。

でも、敵に攻撃されそうになると、いきなり大きな口を開け、真っ赤な舌を見せて威嚇する。この豹変ぶりが相手を驚かせる。目にタテの線が見えるのは虹彩（こうさい）だ。私たちの目の虹彩は丸く開閉するので瞳が丸いが、ヤモリはタテに隙間（すきま）を開ける。今、ほとんど虹彩を閉じている。夜、いきなりストロボをたかれてまぶしかったのかもしれない。

マダガスカルヘラオヤモリ
マダガスカル箆尾守宮
Leaf-tailed Gecko
Uroplatus fimbriatus

あくび

あくびをするのは、疲れて足りなくなった酸素をとり込むためなどといわれているが、どうもそれだけではなさそうだ。

最近の研究では、あくびは脳を冷やすためではないかという説もある。あくびをすると鼻の奥の副鼻腔の仕切りの壁が動いて脳に空気が送られ、脳が冷やされるのだという。コンピュータと同じように、電気信号が飛び交い大量の情報を処理する脳。疲れると、その温度が上がるのは理解できる。ヒトだけでなく、ほかの哺乳類や鳥もあくびをする。やはり、脳がヒートアップしているのだろうか。

アメリカアカリス
アメリカ赤栗鼠
Red Squirrel
Tamiasciurus hudsonicus

ふわ～～

ふわ〜〜
あくびが
うつった〜〜

あくびは伝染する。これも誰しも経験することだけれど、この原因もまだよくわかっていない。同じ環境にいるから同様に深い呼吸が必要になるのだともいわれるが、「共感」しているという説もある。ビデオで、あくびをしているヒトの映像を見せると、チンパンジーもあくびをするという。さらに、飼いイヌでも同じような実験報告がある。また、ヒトの場合は、5歳くらいまでは伝染せず、それ以上になるとうつるようになるともいわれている。たしかに、リスやダチョウのあくびを見ても、あくびがしたくなってくる。

ダチョウ
駝鳥
Ostrich
Struthio camelus

死んだフリ

ヨーロッパヤマカガシ
ヨーロッパ山棟蛇
Grass Snake
Natrix natrix

どう見ても死んでいる。口を開け、だらりと舌を出し、動かなくなってしまった。ヨーロッパでもっとも広く分布するヘビの一種、ヨーロッパヤマカガシ。じつは、キケンを感じ、死んだフリをしている。かなり真に迫った演技だ。キケンが去ったと感じると、そっと舌を引っ込める。次に口を閉じる。そして、慎重にあたりをうかがい、安全を確認すると、そろりそろりと逃げて行く。でも、逃げる途中でまたキケンを感じると、再度死んだフリをするのだという。

や、やられた〜！
（フリ）

キタオポッサム
北オポッサム
Virginia Opossum
Didelphis virginiana

死んだフリの名人といえばキタオポッサムだ。体長は50センチメートル足らずだが、体長と同じくらい長い尾で木にぶら下がる。ところが、攻撃されると、いきなり横ざまに倒れる。目も口も半開き、からだはぐにゃりとなって頭がっくり下を向く。つつかれても反応しない。そのまま、6時間も死んだフリをすることがある。生きたエモノしか食べない捕食者は、興味を失くして立ち去る。

この状態、失神して、意識不明の状態なのだろうと思われてきた。ところが最近の研究で、死んだフリをしているあいだも、脳波はふだんと同じだということがわかった。ちゃんと意識しつつの演技だったのだ。いや、お見事。

column
微笑みのちから

アマガエルのなかま
雨蛙
Chachi Tree Frog
Hyla picturata

　にっこりと微笑む動物たち。見ているだけでこちらまで笑顔になる。しかし、このなかでほんとうに笑っているのはボノボだけ(左)。ほとんどの動物は、表情をつくることができない。ところが、チンパンジーやボノボは別だ。知能も高く、顔の筋肉が発達しているので、笑ったり、服従の意思を顔で表現したりすることができる。

　ボノボは、チンパンジー同様、もっともヒトに近い霊長類。性行動でコミュニケーションをとることでも知られている。排卵前後だけでなく、排卵のない時期にも交尾し、妊娠中や出産後の無排卵の時期にも交尾をする。

ボノボ
Bonobo
Pan paniscus

カリフォルニアアシカ
カリフォルニア海驢
California Sea Lion
Zalophus californianus

さらに、メスどうしが性皮をこすり合わせたり、オスどうしが尻をこすり合わせたりという行動も。こうした繁殖につながらない性行動によって争いを回避し、親密な関係を築いているといわれている。

微笑みの本来の働きは、緊張をほぐし、相手からの攻撃を回避することにある。性行動だけでなく、ボノボは、こんなステキな笑顔でも平和を手に入れているのだ。

color
&
shape

色・形

顔色をうかがい、顔形を気にして
一喜一憂する私たち
さて、動物たちは……

オウサマボウバッタ
王様棒蝗
Locust- stick Insect
Proscopia scabra

コロンビアにすむ、世界最大のバッタ。体長は20cm近い。下ぶくれの顔がユーモラスだ

赤ら顔

ワシ、じつは地味なんじゃて

オニオコゼ
鬼鰧
Scorpionfish(Devil Stinger)
Inimicus japonicus

「おこぜ」の古名は「おこじ」。「おこじ」とは顔が醜いこと。学名 *Inimicus* は「嫌悪すべき」の意。迫力のある顔、背ビレには毒のトゲ。大きなものは体長35センチメートル、体重1キログラムを超えるものも。海底でじっと動かず、近くをエモノが通るといきなり大きな口を開けて食らいつく。胃に収まらないものは、くわえたまま少しずつ飲み込むこともある。

恐ろし気な魚ではある。かつて、雨乞いや魔除けの供えものにする地方もあったというが、唐揚げや天ぷら、薄づくりや煮つけで美味。水深200メートル以浅の砂泥の海底にすむ。黒褐色のものが多いが、深いところにすむのは赤いものが多い。赤は目立つ色と思われがちだが、水中では波長の短い赤い光は届きにくいので、深い海ではむしろ目立たない色なのだ。

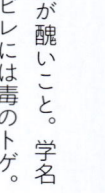

クロデメニギスのなかま
黒出目似鱚
Binocular Fish
Winteria sp.

丸顔はかわいい？

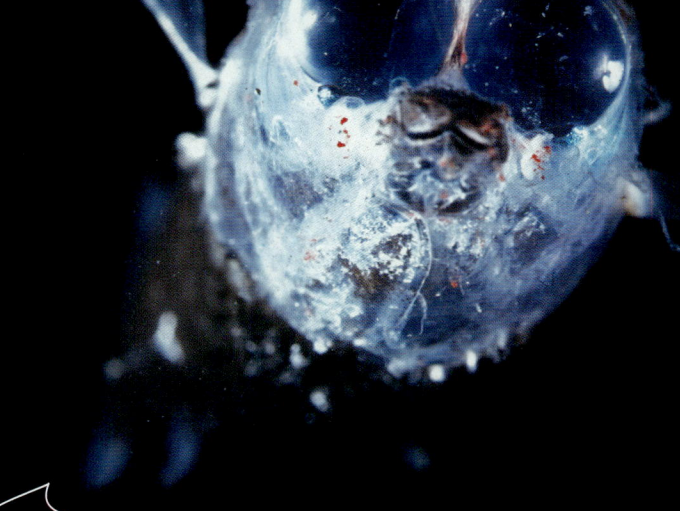

「目はぱっちりと色白で」って、私のこと？

丸顔に、大きな丸い目と小さな口は、アニメに登場するかわいい少女のお約束。顔の半分くらいを目が占めているキャラクターも珍しくない。

その条件を見事に満たしているクロデメニギスは、深海の住人。そこは光の届かない漆黒の世界。上からのかすかな光を得るため、とことん目を大きくした。英名Binocular Fish（双眼鏡魚）のとおり、この目、筒状に前に出ている。見ることを最優先にして、口は小さい。歯もほとんど退化。その結果の丸顔だ。

体長は15センチメートルほど。大きな目で小さなエモノを見つけ、小さな口で食べる。真っ暗闇のなかで、静かでつつましい生活を送っている。

ニホンザル
日本猿
Japanese Monkey
(Japanese Macaque)
Macaca fuscata

かわいくって
ゴメンネ♥

『桃太郎』や『猿蟹合戦』にも登場するサル。「猿も木から落ちる」「猿真似」「月の影取る猿」などの言葉もある。

サルは、古くから私たちとつき合ってきた。身近な動物ほど、好悪さまざまなイメージをもたれるが、どんな動物でも赤ん坊の顔はかわいい。丸い顔に小さなアゴ、顔のやや低い位置にあるはなれ気味の大きな目という子どもの顔の特徴は「ベビースキーマ」とよばれ、思わず手を出して保護したくなる本能に働きかける。保護されなければ生きられない動物の子の生きる手段、ぬいぐるみやアニメのキャラクターデザインにも生かされている特徴だ。

童顔

子どもの姿のままオトナになることを、「ネオテニー」という。メキシコサンショウウオは、ネオテニーである。

メキシコサンショウウオは、子どものときにはこういう外に出たエラがあるが、オトナになるとエラはなくなる。メキシコサンショウウオは、ずっと水中でくらし、ひらひらのエラをもち、子どもの体形のまま性的に成熟する。全長は15〜25センチメートル。からだはふつう黒いが、この写真は色素のない白化型、アルビノだ。飼育されているものはアルビノが多い。そのうえ白ければより かわいい。メキシコサンショウウオが人気者なのは、白くて幼さを残しているからだろうか。

メキシコのソチミルコ湖だけにすんでいるが、近年は都市化のため、生息数が減っているという。

メキシコサンショウウオ
メキシコ山椒魚
Mexico Salamander (Axolotl)
Ambystoma mexicanum

下ぶくれの顔である。口は半開き。あまりダンディーとはいえないマスクだが、彼、独身時代はシャープな口もとをしていた。口から尾までキリリとのびた金色のラインもおしゃれ。しかし、子育ての季節になると、こんな顔になってしまう。

口のなかで輝いているのは、彼のパートナーが産んだたくさんの卵。黒く見えるのは子どもたちの目だ。この卵を、彼は8日間も飲まず食わずで口のなかで守る。

彼の体長は、ほんの6センチメートルほど。この下ぶくれ顔は、小さなお父さんの愛の顔。

卵がふ化すると、ほっとした彼はたっぷり食べて体力を回復し、また新しい卵をくわえる。繁殖の季節のあいだ、それを何度も繰りかえすのだ。

下ぶくれ

お顔が広い……

　マレー語で「森の人」を意味するオランウータン。食事も睡眠も交尾も、ほとんどを高い木の上でおこなう。知能は高く、主食である果物を見つける能力などはとても優れている。野生でも道具をつかう群れがいるし、絵を描くものもいる。ボルネオ島とスマトラ島だけにすむオランウータンは、森林破壊によって絶滅が心配されている。大きいもので体重200キログラム以上にもなるオスは、多くのメスを確保できる広いエリアを移動しながら、ほかのオスに対するアピールをおこたらない。叫び声を、大きなノド袋で共鳴させ、「フランジ」とよばれる張り出したホオを大きく見せる。このフランジ、大きいほど、メス獲得に有利だという。「顔が広い」ことは、女心をくすぐるようだ。

秀でた額

秀でた額は賢さの象徴。「おでこに馬鹿なし」ということわざもあるが、コブダイのオスの額はすごい。

コブダイのオスは、大きなものは体長1メートルを超える。成長するにしたがってオデコが突き出し、下アゴも厚くなる。貝やエビ、カニなどを、丸ごとバリバリと食べられる大きな口と強い歯、かなりイカツイ風貌だ。

コブダイはハーレムを形成する。強いオスは20匹以上ものメスを確保し、侵入者を追い払う。夏、恋の季節になると、ハーレムの王者と侵入者の激しい闘いが繰り広げられる。

額のコブと厚いアゴを突き合わせ、大きな口を開けて闘う。勝ったオスはメスと、円を描くように海面に向かって泳ぎ、産卵、放精し、その恋を成就させるのだ。

コブダイ
瘤鯛
Bulgyhead Wrasse
Semicossyphus reticulatus

オレの女に手ェ出したら必殺ヘッドバットだ!

アノールは、イグアナのなかま。このなかまには、恐竜のような風貌のガラパゴスウミイグアナや、水面を走るバシリスクなど個性的な面々が多い。

アノールのオスは、ノドに鮮やかな色の袋や垂れがある。ライバルのオスや敵に出会うとそれをふくらませて威嚇する。このノドのディスプレイ、メスを惹きつける効果もあるが、捕食者にも見つかりやすい。目立つということは、同時にヘビなどの捕食者に捕食されることが多いという。リスクの大きいおしゃれなのだ。

鳥は恐竜の生き残り。ヒクイドリを見ると、そのことが納得できる気がする。大きいものは体高１８０センチメートル。頭には「キャスク」とよばれる骨質の兜、ちから強いアシ。そのアシの指には10センチメートルもある鋭いツメ。このアシで蹴られると、蹴られたハラが裂けてしまうこともあるという。

首にはカラフルな肉垂れ。この肉垂れは、気分を反映して色が変わるという。ヒクイドリの語源は、火の色の肉垂れが、火を食っているように見えるからとも、悪食で火さえ食べると思われていたからとも、英名Cassowaryが火食鳥になったともいわれている。

カラフル！

ファッションに
命かけて
ますから

アノールのなかま
Anolis Lizard
Anolis sp.

今日の気分は
こんな色なの

ヒクイドリ
火食鳥
Southern Cassowary
Casuarius casuarius

ハリモグラ
針土竜
Short-beaked Echidna
Tachyglossus aculeatus

> ボク!?
> ボールですよ！

ハリモグラは、カモノハシと同じように、卵を産むホ乳類。排泄や生殖のためのアナが総排泄孔ひとつしかないので「単孔類」とよばれている。かつてはホ乳類に含めるかどうか議論もあったが、乳腺があることなどからホ乳類とされている。

オーストラリアとタスマニア、ニューギニアだけにすむ。体長は30〜45センチメートル。びっくりするとからだを丸めてトゲトゲのボールになる。ただし、顔は隠せていない。長い鼻づらが出てしまっている。この先端には小さな口と大きな鼻のアナがある。でも、やわらかい土の上なら大丈夫。大急ぎで土を掘って鼻づらを埋め、「頭隠してトゲトゲ背中隠さず」状態になるのだという。

トゲトゲしい？

♪ウソついたら
針千本
飲〜ます！

ハリセンボン
針千本
Porcupine Fish(Spiny Puffer)
Diodon holocanthus

ふだんは、何の変哲もない地味な魚だ。体長は大きいもので30センチメートルほど。世界中の熱帯から亜熱帯の海にいる。ところが、ひとたび攻撃されると劇的に変身する。水や空気を思い切り吸い込んで、真ん丸になる。さらに、全身にあるトゲが逆立つ。顔の前にもトゲが突き出す。この体勢は敵から身を守るには完璧だ。

しかし、こうなってしまうと、動けない。ヒトにとらえられ、骨や肉を除かれて「ふぐ提灯」にされてしまうことも。

ちなみに、針千本というが、この針、じっさいには500本くらいだ。

column
顔？

ソーンバックギターフィッシュ
Thornback Guitarfish
Platyrhinoidis triseriata

色白の化けものが不気味に笑っているように見えるのは、エイのハラ（右）。目のように見えるのは鼻のアナ（右）。ほんとうの目は背中側にある。

悔しそうな、怒りの表情をしているのは、その名もヘイケガニ（中央）。壇ノ浦の合戦で海に身を投じた平家一門の怨念が込められている、という伝説からつけられた名だ。甲羅の模様は、ヒトに食べられないために人為的に淘汰されてきたという説があるものの、研究によれば、ヒトが生まれるずっと前からこんな顔を背負っている。甲羅の凹凸がたまたま顔に見えているだけだ。

ジンメンカメムシとよばれるこのカメムシ（左）は、じつに楽しげな表情をしている。ハネのあいだの三角の部分が大きな鼻に、ハ

ジンメンカメムシ
人面亀虫
Man-faced Stinkbug
Catacanthus incarnatus

ヘイケガニ
平家蟹
Heikegani
Heikea japonica

ネの模様が目に、ハネの先が髪の毛に見える。カメムシのなかまはクサい液体を出すことが特徴で、鮮やかな色や模様でクサいぞとアピールするものが多い。その模様が顔に見えているのだ。

私たちは、おもに顔をたよりに個人を識別し、その表情で微妙な情報を交換している。だから、顔に、より多く注目する。そのため、空に浮かぶ雲や壁のシミも、目と鼻や口らしきものがあれば顔に見えてしまう。小さな子どもも、顔の絵を描くことが多い。

たかが顔、されど顔なのだ。

ear, nose & head

耳・鼻・頭

「クレオパトラの鼻がもう少し低かったら……」
顔はときに、歴史を変えることがある
そして顔は、進化の歴史でもある

アジアゾウ
亜細亜象
Asiatic Elephant
Elephas maximus

インドの水辺で、ものすごくびっくりしているアジアゾウの子ども。何があったのだろう

ボクの福、
おすそわけ
しましょうか？

ウサギコウモリ
兎蝙蝠
Brown Long-eared Bat
Plecotus auritus

福耳？

耳たぶの大きい耳を「福耳」といい、昔から福相の印とされる。だが、どんな福々しい耳も、ウサギコウモリの耳にはかなわない。

夜行性のコウモリは、暗闇を飛びながら、昆虫などをとらえることができる。超音波を発し、それが周りに反射して戻る音波をとらえて、周りの様子を知る「エコロケーション」という機能を駆使するのだ。だから耳が大きいものが多い。

なかでもウサギコウモリは飛び切りの福耳だ。体長は4〜6センチメートルほどなのに、耳の長さは4センチメートル前後もある。中国では、古来コウモリは幸福の象徴。蝙蝠の「蝠」の字が「福」に通じるからだ。この顔、じつにおめでたい顔といえる。

40

この耳、ちょっと長過ぎ……

イヌの祖先については諸説あるが、オオカミという説が有力だ。1万年以上も前から、ヒトのパートナーとして親しくつき合ってきた。そのあいだに、体重70キログラムを超えるセントバーナードから体重1〜2キログラムのチワワまで、さまざまな品種が生まれた。ヒトが、その目的や好みによって、選択し交配した結果だ。

オオカミからイヌへの変化として、鼻が短く、顔が丸くなり、耳が垂れるという傾向がある。とくに猟犬であるハウンドは、狩りのときに遠くの音で気が散らないように、垂れ耳が好まれたともいわれている。それにしても、このバセットハウンドの長い耳、仔イヌのころには、歩くときにふみつけてしまうことがあるという。

イヌ（バセットハウンド）
犬
Domestic Dog (Basset Hound)
Canis lupus familiaris

敏感な鼻先

ホシバナモグラ
星鼻土竜
Star-nosed Mole
Condylura cristata

モグラは目が小さく、ほとんど見えないものが多いが、このホシバナモグラもほとんど視力はない。たよりになるのが、「星鼻」とよばれる奇妙な鼻だ。

穴掘り名人のモグラのなかで、このモグラはあまり穴掘りが得意ではない。その代わり、泳ぎが得意。水中でもエモノの匂いを感じることができ、水生昆虫や小魚などを食べる。

さらに鼻の周りにある22本の肉質の触手には2万5000個もの触覚センサーがあり、ヒトの指先よりずっと敏感。泥のなかにも突っ込んで、素早くエモノをとることができる。あまり見たくない図だ。

うにょうにょの鼻で触っても、いいかしら？

ハゲとよばないで

ボクの頭に何か問題でも!?

宮本武蔵は、幼いころにわずらった腫れもののために頭頂に大きなハゲがあり、そのため、髪をのばして後ろで束ねていたといわれている。孤高の剣豪でさえ隠したかったハゲ。しかし、動物界には、ハゲがトレードマークの生きものがいる。真っ赤な顔にハゲ頭のアカウアカリ。かなりインパクトのある風貌だ。アカウアカリは、南米にすむサル。毛のない頭部と赤い顔が特徴。この顔、陽に当たらなかったり病気になったりすると青白くなるという。赤い顔は健康な証拠なのだ。怒ったり興奮したりすると、さらに赤くなり、ものすごい形相になる。顔が赤く、その面積が広いのは威嚇的な意味があるのではないかともいわれている。

アカウアカリ
赤ウアカリ
Red-Haired Bald Uakari
Cacajao calvus

ミミヒダハゲワシ
耳襞禿鷲
Lappet-faced Vulture
Torgos tracheliotus

腐肉を食べることで知られるハゲワシ。頭部にはほとんど毛がなくハゲている。

鳥のハネは傷ついたり切れたりしやすい。だから、鳥は、多くの時間を羽(は)づくろいに費やす。クチバシでハネの汚れを落とし、油分を補う。

ハゲワシのように腐肉を食べる鳥は、とくに汚れやすい。死体に頭を突っ込むので、その部分にはハネがないほうが合理的なのだ。

ただ、同じ腐肉食でも、食べる部位によってハゲ方がちがう。最初に死体に頭を突っ込んで食べる種類はかなりハゲているが、からだが小さく、残りものの小さな肉片を食べる種類はあまりハゲていない。ハゲ方にも生き様が反映されている。

ツバサも日光浴。きれい好きなもので……

column
心からの謝罪

チンパンジー
Chimpanzee
Pan troglodytes

「やれ打つな蠅が手を摺り足をする」一茶も、ハエが「手」や「足」を摺る姿から、命乞いのサインを受け取っている。このウシアブ（中央）も、必死に謝っているように見える。

黄色い飾りバネがおしゃれなマカロニペンギン（左）も、すまなそうに頭を下げている。

でも、3つの写真で、ほんとうに謝っているのは、チンパンジー（右）だけだ。多くの動物は、顔のヒフを動かす筋肉がほとんどないので、表情をつくることができない。しかし、チンパンジーなどは、顔の表情を変えることができ、その表情でコミュニケーションをとることができる。知能も高いので、表情によって、やや複雑な情報交換が可能なのだ。

マカロニペンギン
Macaroni Penguin
Eudyptes chrysolophus

ウシアブ
牛虻
Horse Fly
Tabanus trigonus

ただ、その表情は、かならずしもヒトと同じではない。恐れているときは歯をむき出し、興奮しているときは歯を出して口を開ける。口をとがらせるのは、ヒトでは不満があるときだが、チンパンジーは服従をあらわしている。争いのあとなどに、負けたほうが口をとがらせ、服従の意思を表現する。

ちなみに、ハエやアブが「手」や「足」を摺るのは、アシをきれいにするためと考えられている。ハエやアブは、アシに味を感じる器官がある。そこが汚れていると、食べもの探しのときに困るので、摺り合わせて掃除しているのだという。

ペンギンのほうは、下に飛び降りたいのか、周りの様子をうかがっているところ。

mouth

口

「口八丁手八丁」
口は、自己アピールの出口
そして、エモノの入り口

マンドリル
Mandrill
Mandrillus sphinx

キバをむき出して怒りをあらわにするマンドリルのオス。体長は60〜80cmほどだが、キバは6cm以上もある

吸いついても
いいですか?

カワヤツメ
川八目
Japanese Lamprey(Arctic Lamprey)
Lethenteron japonicum

ワケありな口もと

カワヤツメには、まだアゴがない。背骨もない。魚類は、地球上に最初に出現した脊椎動物だが、そのなかでも、もっとも早く、5億年以上前に出現したグループだ。しだいに、アゴや背骨をゲットする魚たちがあらわれるなかで、今でもアゴなし生活を楽しんでいる。

体長は40センチメートルほど。食事は、吸盤状の口で魚などのからだに吸いつき、肉をはぎとったり体液を吸ったりする。私たちの遠い祖先も、まだアゴがなかったころには、こんな口もとをしていたのかもしれない。

チスイコウモリ
血吸蝙蝠
Vampire Bat
Desmodus rotundus

中南米に生息するこのチスイコウモリは、体長7〜9センチメートル。夜、動物や鳥、ときにはヒトに忍び寄り、カミソリのような鋭い歯で肉をそっと噛み切り、流れる血をなめる。

彼らの唾液のなかには、血液がかたまらないようにする物質があり、なめられているあいだ血は流れ続ける。その歯はとても薄く鋭いので、噛まれたことに気づかないまま、30分以上もなめられ続けることがあるという。

ふと気づいたときに、首筋にこの顔を見つけたときの驚きは、想像するにあまりある。

> 血ィなめてもいいですか?

欲ばり過ぎ

ウチの子
よく食べるのよ〜

いくらなんでも、欲ばり過ぎでしょう。クチバシに、思い切りたくさん魚をくわえてアラスカの空を飛んでいるのは、ツノメドリ。上手に魚の頭と尾を交互にくわえるワザももっている。

しかし、全部自分で食べるのではなく、ヒナに運んでいるのだ。ツノメドリはガケの上の横穴の巣で繁殖し、たったひとつの卵を夫婦交代であたため、ヒナがかえると、両親でエサを運ぶ。ペンギンなどは胃から吐き戻してエサを与えるが、ツノメドリはくわえて運んでエサを与える。

しかし、6週間ほどすると、両親はヒナを置いて巣を去る。自立をうながすのだ。それが、親の愛の形。

ツノメドリ
角目鳥
Horned Puffin
Fratercula corniculata

> あぐ〜
> 食いだめ
> 作戦中です

自分の頭より大きな卵を飲み込もうとしているタマゴヘビ。頭骨と口とノドがゆるくつながっているので、こんなことができる。さらに、卵がノドまで到達すると、専用の背骨の突起で卵をつぶし、カラを割り、中身を飲んでカラだけ吐き出す。

卵はヘビの大好物のひとつ。多くのヘビは、ハ虫類の卵を食べる。しかし、タマゴヘビは、より大きな鳥の卵を食べる。ただし、鳥の卵があるのは、鳥の繁殖期だけ。その時期にしっかり食べ、ほかの時期は何も食べずにすごすのだ。欲ばるのもしかたがない。

チャイロタマゴヘビ
茶色卵蛇
Common Brown Egg-eater
Dasypeltis inornata

紅をさす

学名のOgcocephalusは、ogkoo（広がった）＋kephale（頭部）から。頭部が扁平につぶれ、魚なのに泳ぎは苦手。ヒレをつかって海底をゆっくり歩く。英名Rosy-lipped Batfish（バラ色唇のコウモリ魚）の名のとおり、口の周りが赤い。赤い理由は不明だが、口もとがとってもチャーミング。

体長は25センチメートルほど。コスタリカのココス島、水深35〜150メートルあたりの海底の砂地を歩いている。アンコウに近いなかまなので、口の上にエモノをおびき寄せるニセのエサ「疑似餌」をもつ。ただし、この疑似餌、短くておびき寄せには不向きだ。エモノを引きつける匂いを出しているのではないかと考えられている。

🔸 **ニシフウリュウウオ**のなかま
西風流魚
Rosy-lipped Batfish
Ogcocephalus sp.

「ちょっとハデ過ぎたかしらん？」

> からいものを
> 食べたわけでは
> ありません

ハデに口紅を塗ったように見えるが、唇ではなく、口の周りが赤いだけ。唇があるのはヒトだけなのだ。唇とは、口のなかの粘膜質の部分が外にめくれたもの。ヒトは直立するようになり、乳房が半球状になった。唇があるほうが、半球状の乳房に吸いつくのに適していることによる進化だといわれている。

クロツメバナザルは、孫悟空のモデルともいわれるキンシコウに近いなかま。中国の標高3000メートルを超える寒冷な山岳地帯にすんでいるサルだ。口の周りが赤い理由もまだナゾの部分が多いいない。

英名のSnub-nosedは、「低くて上を向いた鼻」。和名の「仰鼻（つめばな）」同様、その独特な鼻の形を表現している。

クロツメバナザル
黒仰鼻猴
Black Snub-nosed Monkey
Rhinopithecus bieti

あれっ？
いつから横倒し!?

ニュージーランドフラウンダー
New Zealand Flounder
Rhombosolea plebeia

砂に埋もれる

ヒラメもカレイも、子どものときは、ふつうの魚と同じように、からだの両側に目があり、尾を左右に振って泳ぐ。成長するにしたがって、からだに異変が起こる。しだいに、からだが傾いてきて、片方の目が頭の上に移動を始めるのだ。例外もあるが、ヒラメは右目が左へ、カレイは左目が右へ。さらにオトナになると、目は片側に集まり、からだは横倒しになる。ニュージーランドの海底に横たわるこのカレイも、左目が右に移動している。

それにともなって、口もよじれたような形になる。からだは平らになり、砂に半分埋まってエモノを待ち、近づくと素早くとらえるオトナの生活に入るのだ。

今宵も星が
美しい……

ミシマオコゼのなかまも、砂に埋もれてエモノを待つ。ただし、ヒラメやカレイのように横倒しにはならずに埋もれる作戦に出た。目はしっかりと上を向き、下アゴがぐっと張り出し、口はほとんど真上を向いている。じっと砂に隠れてエモノを待ち、口もとを通るものは、選り好みせずに何でも食べる。英名はStargazer（星を見つめるもの）。意外にもロマンティックな名だ。

ミシマオコゼのなかま
三島鰧
Whitemargin Stargazer
Uranoscopus sulphureus

キバはキバでも

4本のキバをもつオスのバビルサ。上の2本は、鼻の上から生えているのではない。上アゴの犬歯が、ヒフを突き破って上にのびているのだ。インドネシア・スラウェシの島々だけにすむ。現地の言葉でバビはブタ、ルサはシカ。「シカのようなツノのあるブタ」という印象からの名だが、これはツノではなくてキバ。このキバ、強さを示すディスプレイともいわれている。また、下アゴのキバは攻撃につかわれることから、相手の攻撃を受け止める盾の役割をしているのではないかとも考えられている。口もとに、攻撃も防御も備えた鉄壁の姿なのだ。

いざ、勝負！

バビルサ
Babirusa
Babyrousa babyrussa

> さ！
> お仕事 お仕事！

オーストラリアにすむこのオオキバハリアリ（ブルドッグアリ）は、体長3センチメートルほど。「大牙」とよばれているが、キバのように見えるのは大きなアゴ。彼女は、ひたすら働き続ける働きアリだ。このアゴで、エモノとなるオオアリを襲って巣へと運んだり、巣のなかの石をくわえて運び出したりする。

さらに、無精卵を産み、それを大アゴでくわえて女王アリや幼虫たちに与えるという献身的なことまでする。働き者のたくましい顔なのだ。

オオキバハリアリ
大牙針蟻
Bulldog Ant
Myrmecia sp.

舌のつかい道

頭から胴までは40～50センチメートルしかないのに、舌は15センチメートルほどもある。好物は熟したイチジクなどの果実。また、長い舌を大きな花の奥にさし込んで、その蜜をなめる。ハチの巣を襲って蜜をなめることもあるので、ハチツグマともよばれる。

丸い顔に丸い目、小さなサルのように見えるが、アライグマに近いなかまだ。中南米の熱帯林の高い木の上でくらし、夜行性。熟した果実やハチミツならよいが、うっかりアルコールを飲み、手のつけられないヨッパライになったという報告もある。

キンカジュー
Kinkajou
Potos flavus

蜜もいいけど
お酒もサイコ～

キミの舌
目まで届く?

ヤモリには、まぶたがないものが多い。私たちは、起きているあいだじゅう、3〜6秒ごとにまばたきをして、涙で目の汚れを流し、うるおいを保っている。まぶたのないヤモリは、舌で目をなめて掃除をしなくてはならない。人間にもまれに、舌が長くてアゴまでのびる人がいるが、目までなめられる人はいないだろう。ヤモリは漢字では「守宮」や「家守」「屋守」と表記する。いずれも家を守るという意味。日本で、もっとも身近にくらす野生生物のひとつ。人に害を与えず、静かにガなどの虫を捕食する、平和な共存者だ。

ニホンヤモリ
日本守宮
Japanese Gecko
Gekko japonicus

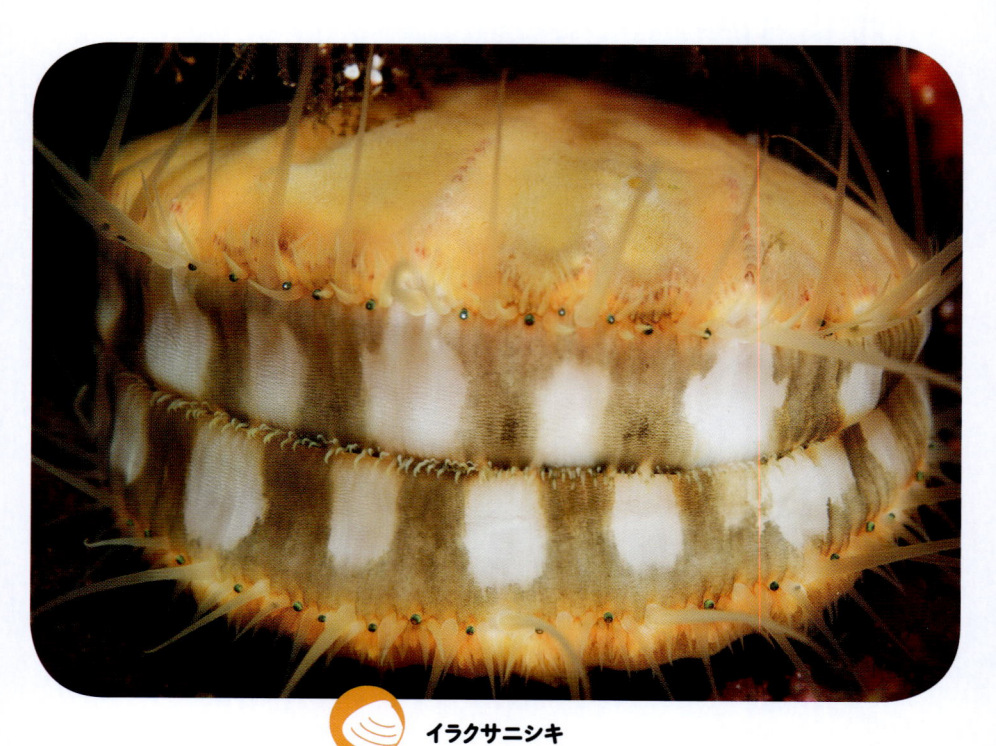

イラクサニシキ
苛草錦
Pacific Pink Scallop
Chlamys hastata

入れ歯が落ちてきた！　わけではない。イラクサニシキという、ホタテガイなどに近いなかまの二枚貝（右）。貝がらの長さは6センチメートルほど。

「ツノ出せヤリ出せ頭出せ」と歌われるカタツムリ（左）。「お前の頭はどこにある」と問われているが、ちゃんと目や口があり、頭や顔がある。カタツムリは巻貝の一種だ。

同じ貝でも、イラクサニシキなどの二枚貝には顔がない。「顔」とは、「口を中心として、目や鼻などの感覚器官が集中している頭部の前の部分」のこと。二枚貝には、口や、「唇弁」とよばれる食べものを口へ寄せる肉片はあるが、頭部とよべるものがないのだ。

貝ガラの縁に、小さな緑色の点がたくさん並んでいるのが見えるだろうか。これが目だ。

column
顔って？

ツクシマイマイ
筑紫蝸牛
Snail
Euhadra herklotsi herklotsi

　頭はないが脳はある。ホタテガイのなかまは、身のキケンを感じると、二枚の貝を閉じて水を噴き出し、さっと逃げることができる。

　貝類と同じ軟体動物のイカやタコは、キャラクターになるときなど、大きなふくらみの部分が頭にされるが、その部分はじつはハラ。口や目はウデのつけ根にあり、その部分が頭部だ。

　顔は、ものを食べるために口が生まれ、さらに効率よくエモノをとるための目や鼻が生まれたことでできたといわれている。

　顔をもたないまま、食事をし、敵からはさっと逃げることのできる二枚貝は、私たちとは別の進化の道をたどったというわけだ。

eye

目

「目は心の鏡」という
外界を映す目は
内面やくらしを映す鏡でもある

ジャクソンカメレオン
Jackson's Chameleon
Chamaeleo jacksonii

カメレオンは、左右の目をべつべつに動かし、ほとんど全方向を見ることができる。エモノを見つけると、ぴたっと両目を前に向け、狙いを定める

目ヂカラあり過ぎ？

ミスジハエトリ
三条蠅取
Jumping Spider
Plexippus setipes

目はいくつ？

つぶらな瞳を、しかとこちらに向けているハエトリグモ。ぴったりと焦点を合わせて、飛びかかろうとしているようだ。

クモは「虫」とよばれるが、昆虫ではなく、サソリやダニに近いなかま。多くのクモは8つも目をもっている。ところが視力がよいわけではなく、嗅覚や振動にたよってくらしているものが多い。

そのなかで、Jumping Spider（飛ぶクモ）という英名をもつハエトリグモは、とっても目がいい。アミを張ってエモノを待つのではなく、飛びかかって昆虫をとらえる。

この写真では見えていないが、頭の横にあと4つついている目でエモノの動きを察知し、正面の目で距離を測って飛びかかる。といっても彼らの体長は7〜8ミリメートル。襲うのは小さな昆虫だ。

ヨツメウオ
四目魚
Four-eyed Fish
Anableps anableps

カエルのように飛び出した大きな目。よく見ると、上下に分かれているように見える。それで名前は「四目魚」。科学的には、上下に分かれた目を2つとは数えないが、この目、ワケあって分かれている。なんと、水中と空中とを同時に見ることができるのだ。エモノは昆虫、敵は鳥や魚。狩りも警戒も、水中、空中いずれもおこたらない。

全長は20〜30センチメートル。アマゾン川の河口付近に群目に生息している。上下に分かれた目の境目を、ちょうど水面に合わせ、大きな目を半分出して群れ泳ぐ姿はユーモラスだ。

> 空中も水中も、ずずっとお見通しよ！

ナメたら
いかんぜょ〜

アカシュモクザメ
赤撞木鮫
Scalloped Hammerhead Shark
Sphyrna lewini

は〜〜なれ目！

「撞木(しゅもく)」は、鐘などを叩くT字形の棒。英名も、Hammerhead Shark（金づち頭のサメ）。まさにハンマーのような形をした頭の、両端に目がついている。目がはなれているために、一見、間の抜けた顔にも見えるが、じつは恐るべきハンターだ。

全長は約4メートルにもなる。この独特な頭の形の理由は不明だが、目がはなれているために視界が広がる。鼻のアナも頭の両端にあるので、嗅覚も鋭い。サメには、頭部にロレンチニ瓶(びん)という電気を感じる器官があり、エモノの発する微弱な電気を感知するが、シュモクザメは頭部が広いために、この感度も鋭い。さらに、襲ったエイをハンマー形の頭で海底におさえつけて食べる姿も確認されている。

68

> オレほど
> ハンサムな
> はなれ目は
> いないぜ！

シュモクバエ
撞木蠅
Stalk-eyed Fly
Teleopsis dalmanni

シュモクザメもびっくりのこの目。シュモクバエの目は、長い柄の先にあり、左右に大きく突き出ている。体長は6ミリメートルほどだが、目はその倍ほどもはなれている。人間でいえば、身長170センチメートルの人の目が、左右に3メートル以上も飛び出していることになる。

ただし、シュモクバエは、平和主義者。無用な争いを好まない。オスどうしが出会うと、頭を突き合わせて目のはなれぐあいを比べる。はなれているほうが勝ち。勝者がメスを獲得する。

そうこうしているうちに、こんな姿に進化したわけだ。

しあわせって、何ですか？

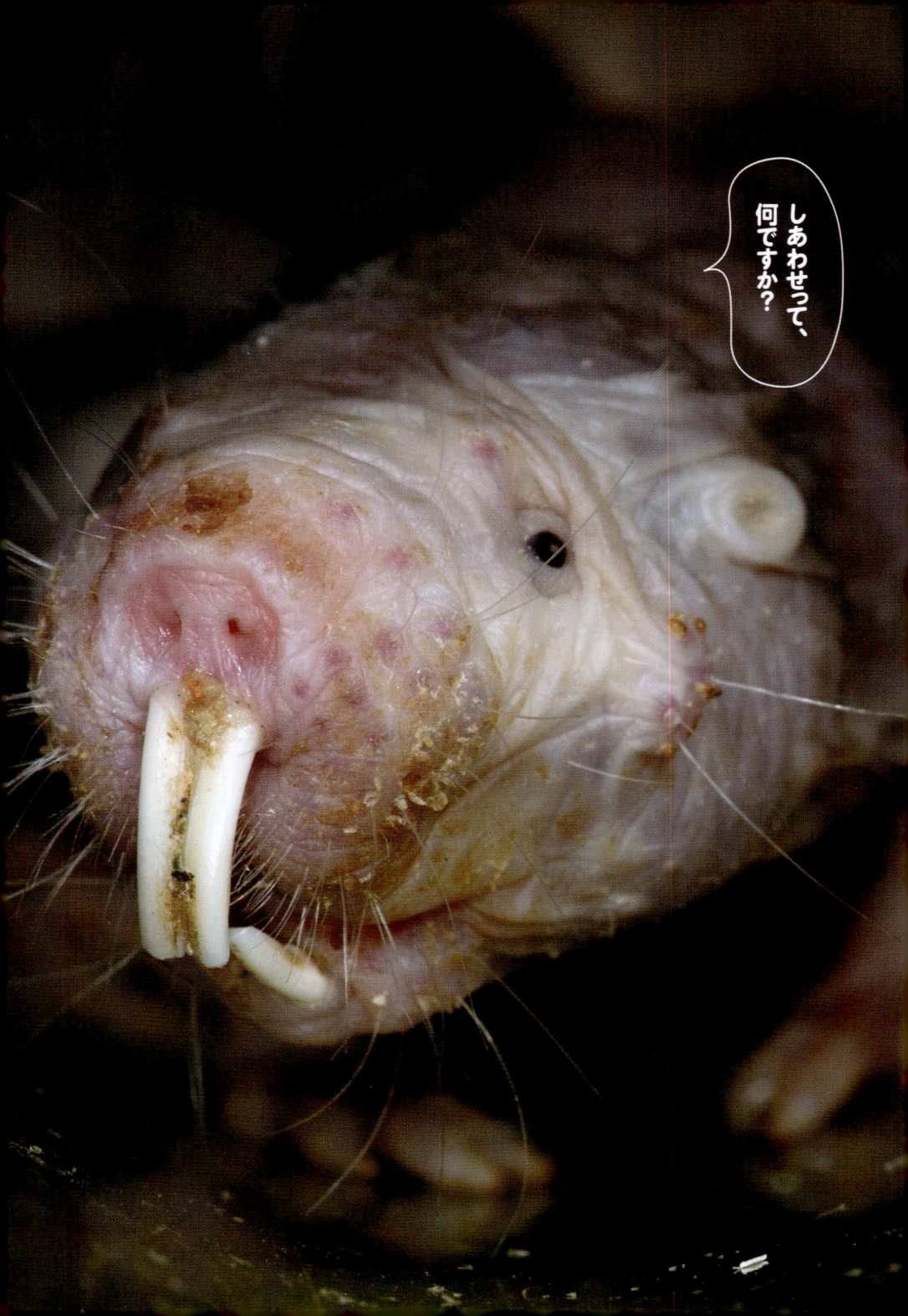

ちっちゃ目

小さなゴマつぶのような目。「裸」の名のとおりほとんど毛のないからだ。「出歯」のとおりの長い歯。風変わりな顔だが、くらしはさらにユニークだ。

ホ乳類でありながら、なんと、ハチやアリのようなコロニー（集団）をつくってくらしているのだ。1匹の女王に最大で3匹の繁殖のためのオス、5〜10匹の兵隊ネズミと、50〜200匹の働きネズミ。女王と繁殖オス以外は、自分の子孫は残さず、ひたすらコロニーのために働く。兵隊ネズミと働きネズミの体長は10センチメートル足らずだが、女王はふたまわりほど胴長だ。

彼らは、ほとんどの時間を地下でくらしている。兵隊ネズミは見張りをし、コロニーを守る。働きネズミは数珠つなぎになって、長い前歯でトンネルを掘り、食料である植物の根を探し、女王の子どもたちの世話をする。寝るときは、子どもたちの下に横たわって敷きブトンにもなる。

仕事をサボっていると、女王につつかれたりしかられるという。

アフリカ東部の大地の下で、彼らは今日も、せっせと穴を掘っているにちがいない。

ハダカデバネズミ
裸出歯鼠
Naked Mole Rat
Heterocephalus glaber

ふさふさまつ毛

マスカラ、エクステ、つけまつ毛……。ヒトの女性は、まつ毛のボリュームアップに日々余念がない。そんな努力をしなくても、ふさふさのまつ毛が魅惑的なのは、砂漠にすむラクダ。ラクダのからだは、とことん砂漠に適応している。コブに脂肪をためて食料不足に備え、広いアシ裏で砂の上でも安定を保つ。砂の侵入を防ぐために、鼻のアナを閉じることもできる。このまつ毛も砂から目を守るためのもの。そういえば、ヒトも、環境のよい地方から都会に出てくらすと、鼻毛がふさふさになるという。

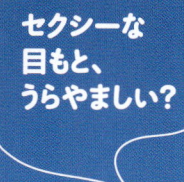

> セクシーな目もと、うらやましい?

ヒトコブラクダ
単瘤駱駝
Dromedary Camel
Camelus dromedarius

こちらのまつ毛もふさふさだ。ミナミジサイチョウは、全長約1メートル。アフリカ南部のサバンナにくらし、一日中、地上を歩きながらエサとなる小動物を探している。地面のなかのエモノは、クチバシで砂を掘ってとらえる。生きた動物だけでなく腐肉も食べる。腐肉を食べると、からだにダニなどの寄生虫がつきやすいので、砂浴びは欠かせない。
まつ毛の役割は目を守ること。彼らのまつ毛が長いのも、サバンナの砂から目を守るためや、強い太陽の光をさえぎるためではないかといわれている。

> オスでも
> まつ毛は
> ボリューミー
> なの♥

ミナミジサイチョウ
南地犀鳥
Southern Ground Hornbill
Bucorvus leadbeateri

column
目!?

スズメガ
雀蛾
Pale Brown Hawkmoth
Theretra latreillei

　スキンヘッドに妖しい表情でじっとこちらを見るナゾの生物（右）。じつは体長10センチメートル足らずの地味なイモムシ、スズメガの幼虫だ。目のように見えるのは、眼状紋とよばれる目玉模様。敵をおどかし、身を守る働きがあると考えられている。

　ペルーの熱帯雨林でお尻を見せているニセメダマガエル（中央）も、ハート形の目玉模様で、防御ディスプレイ。

　マンガのような丸い目をこちらに向けているのは、イイダコ（左）。これもウデのつけ根にある目玉模様だ。大きな目を見せて敵の攻撃をくらませる「攻撃擬態」という戦略といわれている。

イイダコ
飯蛸
Webfoot Octopus
Octopus ocellatus

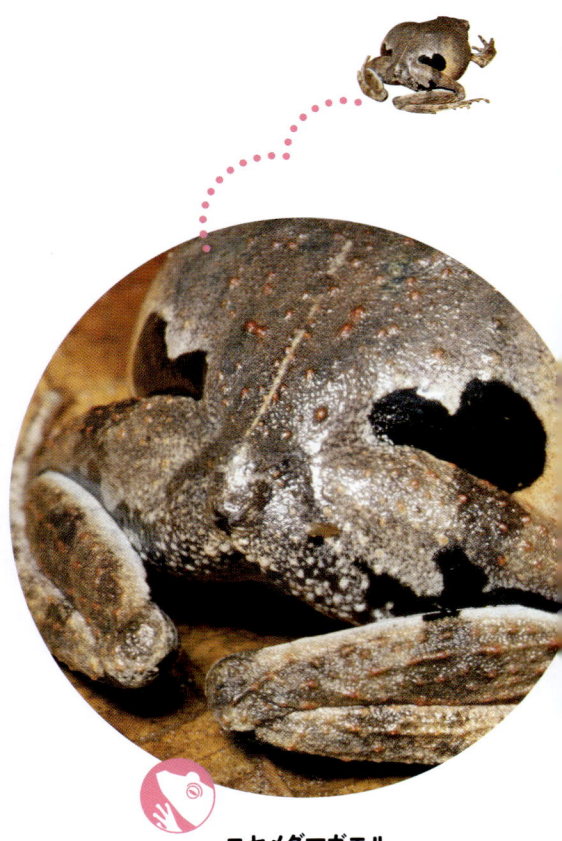

ニセメダマガエル
偽目玉蛙
Leaflitter Frog
Physalaemus sp.

目玉模様については、大きな目をつけることで、敵に、より大きな生物だと思わせたり、頭部以外に目玉模様をつけて、頭への攻撃を避けたりする効果があるといわれている。

ただ、最近の研究では、目玉模様でなくても、大きな模様があれば攻撃をかわす効果があるという実験結果も報告されている。生物の「ナゼ」への答えは簡単ではない。

でも、「目は口ほどにモノを言う」と昔からいわれている。私たちも、目に込められた想いに心動かされることがある。

目はきっと、動物にとっても、鼻や耳とは異なるちからをもっているにちがいない。

あとがき

日本にはじめて紹介される動物には、日本で通用するような和名をつけなければならない。ジャイアントパンダの最初の和名はイロワケグマというものであった。イロワケグマという和名は写真あるいは絵などからの印象でつけられたのであろう。一方、現在使われているジャイアントパンダという名は英名そのままである。

本書に紹介されている印象的な顔のもち主にハダカデバネズミがいる。英名はモールラットだから本来「モグラネズミ」とよぶべきだった。このなかまは9種が知られているが、毛のないのはハダカデバネズミだけである。毛のあるデバネズミは土を掘っては、後ずさりして、短い尾を動かしながら、後ろ向きにトンネルから出てくる。そのときの尾の動きはモグラが鼻をクンクンしながら、穴から顔を出したとき、そのものなのだ。

毛のあるモールラットが知られていて英名がつけられ、後でハダカのモールラットが発見されたのが真相である。実物を観察してつけられたモールラットという英名からは、生態と形態に基づく科学的な響きを感じたものだ。それに対して印象からつけられたであろうハダカデバネ

タケノコを食べるメスのシンシン

雪でも元気なオスのジャイアントパンダ、リーリー

ズミという和名は、何と気の毒な命名であろうかと、彼らを見るたびに申し訳ない気もちになってしまう。

動物園でハダカデバネズミのトンネルを眺めていると「きゃー、気もち悪い」とか「キモかわいい」などの声が聞こえてくる。私は心のなかで「キミたちだって、同じじゃないか」と呟（つぶや）いている。ハダカデバネズミは、ほとんど体毛がないという意味で、ヒトと共通の特徴をもった貴重なホ乳類で、数少ない同類なのだ。ヒトは服を着ているから一応は様になっているが、もしヒトが服というものを発明せず裸でくらしていたら、他の動物から見てこんなに不気味で、気もち悪い動物はいないのではなかろうか。

本書の主役は「ヘンな顔の生きもの」であるが、これはヒトというかなりヘンな動物から見てのことである。それぞれの生きものは何億年、何万年の年月をかけて、独特な姿に進化してきた。その姿を特徴づけている顔は、それぞれの生きものが、種ごとに与えられた地球上のすみかで、もっともくらしやすい姿に到達した、真面目で真剣な顔なのである。

トンネル内の寝室のなかのハダカデバネズミ
（写真はいずれも上野動物園）

透明な筒で地下のトンネルを再現

おもな参考資料

『動物生態大図鑑 動物たちの世界ではどんなことが起きているのだろうか?』
　　デイヴィッド・バーニー 著；西尾香苗 訳（東京書籍）
『昆虫顔面図鑑 世界編』　海野和男 著（実業之日本社）
『ビジュアル 世界一の昆虫』
　　リチャード・ジョーンズ 著；木谷美杉 訳；伊藤研 日本語版監修（日経ナショナルジオグラフィック社）
『昆虫顔面図鑑 日本編』　海野和男 著（実業之日本社）
『物語 上野動物園の歴史 園長が語る動物たちの140年』　小宮輝之 著（中央公論新社）
『美人は得をするか「顔」学入門』　山口真美 著（集英社）
『ビジュアル 動物大図鑑』　カレン・マクギー＋ジョージ・マッケイ 著；今泉忠明 監修；
　　花田知恵＋北村京子 訳（日経ナショナルジオグラフィック社）
『海洋大図鑑』　John Sparks 総編集；内田至 日本語版総監修（ネコ・パブリッシング）
『深海の生物学』　ピーター・ヘリング 著；沖山宗雄 訳（東海大学出版会）
『世界動物大図鑑』　デイヴィッド・バーニー 総編集；日高敏隆 日本語版総監修（ネコ・パブリッシング）
『子犬の図鑑 105犬種の親子が登場』　今泉忠明 監修；植木裕幸＋福田豊文 写真；中野ひろみ 文（山と溪谷社）
『幼魚ガイドブック』　瀬能宏＋吉野雄輔 著（ティビーエス・ブリタニカ）
『生き物をめぐる4つの「なぜ」』　長谷川眞理子 著（集英社）
『世界珍獣図鑑』　今泉忠明 著（人類文化社）
『顔学への招待』　原島博 著（岩波書店）
『日本の海水魚』　岡村収＋尼岡邦夫 編・監修；大方洋二ほか写真（山と溪谷社）
『クモの不思議な生活』　マイケル・チナリー 著；斎藤慎一郎 訳（晶文社）
『サルの百科』　杉山幸丸 編；杉山幸丸ほか著．（データハウス）
『日本動物大百科』　（平凡社）
『海中記』　小林安雅 著（福音館書店）
『今森光彦 世界昆虫記』　今森光彦 著（福音館書店）
『大昆虫記 熱帯雨林編』　海野和男 著（データハウス）
『アニマル・ウォッチング 動物の行動観察ガイドブック』　デズモンド・モリス 著；日高敏隆 監訳（河出書房新社）
『動物たちの地球』　（朝日新聞社）
『世界の海水魚 太平洋・インド洋編』　益田一＋ジェラルド・R.アレン 著（山と溪谷社）
『世界大博物図鑑』　荒俣宏 著（平凡社）
『動物たちの「衣・食・住」学』　今泉忠明 著（同文書院）
『動物大百科』　（平凡社）
『ネオテニー 新しい人間進化論』　アシュレイ・モンターギュ 著；尾本惠市＋越智典子 訳（どうぶつ社）

写真提供

ネイチャー・プロダクション
Minden Pictures
Nature Picture Library
小宮輝之（p.76.77）
細田孝久（p.80）

写真索引

あ
- アイアイ ……………………………………… 80
- アカウアカリ ………………………………… 44
- アカシュモクザメ …………………………… 68
- アジアゾウ …………………………………… 39
- アノールのなかま …………………………… 32
- アマガエルのなかま ………………………… 16
- アメリカアカリス …………………………… 12
- アルパカ ………………………………………… 5
- イイダコ ……………………………………… 75
- イヌ（バセットハウンド） ………………… 41
- イラクサニシキ ……………………………… 62
- ウサギコウモリ ……………………………… 40
- ウシアブ ……………………………………… 47
- オウサマボウバッタ ………………………… 19
- オオキバハリアリ …………………………… 59
- オオグンカンドリ ……………………………… 7
- オニオコゼ …………………………………… 20
- オランウータン ……………………………… 28

か
- カリフォルニアアシカ ……………………… 17
- カワヤツメ …………………………………… 50
- キタオポッサム ……………………………… 15
- キンカジュー ………………………………… 60
- キンセンイシモチ …………………………… 26
- クロツメバナザル …………………………… 55
- クロデメニギスのなかま …………………… 22
- コブダイ ……………………………………… 31

さ
- ジャイアントパンダ ………………………… 76
- ジャクソンカメレオン ……………………… 65
- シュモクバエ ………………………………… 69
- ジンメンカメムシ …………………………… 37
- ズキンアザラシ ………………………………… 6
- スズメガ ……………………………………… 74
- スパイクヘッドキリギリス …………………… 8
- ソーンバックギターフィッシュ …………… 36

た
- ダチョウ ……………………………………… 13
- チスイコウモリ ……………………………… 51
- チャイロタマゴヘビ ………………………… 53
- チンパンジー ………………………………… 46
- ツクシマイマイ ……………………………… 63
- ツノメドリ …………………………………… 52

な
- ニシフウリュウウオのなかま ……………… 54
- ニセメダマガエル …………………………… 75
- ニホンザル …………………………………… 23
- ニホンヤモリ ………………………………… 61
- ニュージーランドフラウンダー …………… 56

は
- ハダカデバネズミ ………………………… 70,77
- バビルサ ……………………………………… 58
- ハリセンボン ………………………………… 35
- ハリモグラ …………………………………… 34
- ヒクイドリ …………………………………… 33
- ヒトコブラクダ ……………………………… 72
- ヘイケガニ …………………………………… 37
- ホシバナモグラ ……………………………… 42
- ボノボ ………………………………………… 17

ま
- マカロニペンギン …………………………… 47
- マダガスカルヘラオヤモリ ………………… 11
- マンドリル …………………………………… 49
- ミシマオコゼのなかま ……………………… 57
- ミスジハエトリ ……………………………… 66
- ミナミジサイチョウ ………………………… 73
- ミミヒダハゲワシ …………………………… 45
- メキシコサンショウウオ …………………… 25

や
- ヨーロッパヤマカガシ ……………………… 14
- ヨツメウオ …………………………………… 67

監修者紹介

小宮輝之（こみや　てるゆき）

1947年東京都生まれ。明治大学農学部卒業。上野動物園前園長。
1972年、多摩動物公園の飼育係になる。その後、上野動物園、井の頭自然文化園の飼育係長、多摩動物公園、上野動物園の飼育課長を経て、上野動物園園長を2004年から2011年まで務める。動物園では、世界初となるクマの冬眠する様子の展示や、子ども動物園のウマやウシなどの家畜を日本在来の品種に変える企画、さらに、不忍池にオオワシやハクチョウ、コウノトリを放して生物多様性の池にする試みなど、斬新な企画を数多く手がける。
おもな著書に、『目からウロコの動物園』（1996）保育社、『日本の野鳥』（2000）『日本の哺乳類』（2002）『日本の家畜・家禽』（秋篠宮文仁殿下と共著/2009）以上学習研究社、『物語　上野動物園の歴史　園長が語る動物たちの140年』（2010）中央公論新社、『鳥あそび　野鳥おもしろ手帖』（2011）二見書房など多数。

アイアイの子どもと。
上野動物園の小獣館で

構成・文	野見山ふみこ・三谷英生（ネイチャー・プロ編集室）
写　　真	ネイチャー・プロダクションほか
デザイン	鷹觜麻衣子
製　　版	石井龍雄（トッパングラフィックコミュニケーションズ）
編　　集	福島広司・鈴木恵美・前田香織（幻冬舎）

生きもののヘンな顔

2012年4月10日　第1刷発行

監修者	小宮輝之
構成・文	ネイチャー・プロ編集室
発行人	見城　徹
発行所	株式会社　幻冬舎
	〒151-0051　東京都渋谷区千駄ヶ谷4-9-7
	電話　03-5411-6211（編集）　03-5411-6222（営業）
	振替　00120-8-767643
印刷・製本所	凸版印刷株式会社

検印廃止

万一、落丁乱丁のある場合は送料小社負担でお取替致します。小社宛にお送り下さい。
本書の一部あるいは全部を無断で複写複製することは、法律で認められた場合を除き、著作権の侵害となります。
定価はカバーに表示してあります。
©NATURE EDITORS,GENTOSHA 2012
ISBN978-4-344-02164-8　C0072
Printed in Japan
幻冬舎ホームページアドレス
http://www.gentosha.co.jp/
この本に関するご意見・ご感想をメールでお寄せいただく場合は、comment@gentosha.co.jpまで。